# 能力验证的本质与作用

The Essence and Role of Proficiency Testing

中国合格评定国家认可委员会秘书处　编著



中国质检出版社
中国标准出版社

北　京

**图书在版编目(CIP)数据**

能力验证的本质与作用/中国合格评定国家认可委员会秘书处编著. —北京：中国标准出版社，2015. 4

ISBN 978-7-5066-7869-8

Ⅰ. ①能… Ⅱ. ①中… Ⅲ. ①实验室—能力—评估—研究 Ⅳ. ①N33

中国版本图书馆 CIP 数据核字(2015)第 056501 号

中国质检出版社
中国标准出版社 出版发行

北京市朝阳区和平里西街甲 2 号(100029)

北京市西城区三里河北街 16 号(100045)

网址：www. spc. net. cn

总编室：(010)68533533 发行中心：(010)51780238

读者服务部：(010)68523946

中国标准出版社秦皇岛印刷厂印刷

各地新华书店经销

*

开本 880×1230 1/32 印张 2. 125 字数 29 千字

2015 年 4 月第一版 2015 年 4 月第一次印刷

*

定价 18.00 元

# 编审委员会

# 目录

# 引　言

## (一)本宣传册的目的

中国合格评定国家认可委员会秘书处(CNAS)希望通过编写本宣传册，总结对能力验证本质与作用的认识，理清实验室间比对、能力验证与测量审核概念之间的关系，强调实验室(含检验机构，本宣传册中统称为实验室)是能力验证主体的思想，引导实验室正确理解能力验证的本质与作用，避免能力验证结果的不当使用；同时，重点突出能力验证的选择、能力验证结果的利用等内容，帮助实验室更好地利用能力验证这个工具来提升和证实其技术能力。

## (二)能力验证相关标准的沿革与发展

1984 年，ISO/IEC 导则 43《实验室能力比对检验的开发与运作》(第 1 版)发布实施。1997 年，ISO/IEC 导则 43《利用实验室间比对的能力验证》(第 2 版)发布实施。与第 1 版相比，其突出的变化可以归纳为以下两点：一是界定了能力验证与实验室间比对的关系；二是增加了对认可机构选择和利用能力验证的指导。2010 年，ISO/IEC 17043《合格评定 能力验证的通用要求》正式发布。与第 2 版相比，其重大变化体现在四个方面：一是文件的性质发生了变化，由指南性文件转为国际标准，并被纳入合格评定系列标准中；二是标准结构发生了根本性变化，该标准以 ILAC G13：2007《能力验证计划提供者能力要求的指南》为基础，将主体部分分为管理要求和技术要求两大部分，强化质量管理体系的作用；三是标准的适用范围发生了变化，既适用于能力验证计划的运作，也适用于能力验证提供者建立管理体系；四是能力验证利用对象从认可机构拓展为管理部门和实验室的客户等利益相关方。

我国紧密跟踪相关国际标准发展，1995 年，正式发布等同采用 ISO/IEC 导则 43：1984 的 GB/T 15483：1995《实验室能力比对检验的开发与运作》。1999 年，正式发布等同采用 ISO/IEC 导则 43：1997 的 GB/T 15483：1999《利用实验室间比对的能力验证》。2012 年，正式发布等同采用 ISO/IEC 17043:2010 的 GB/T 27043:2012《合格评定 能力验证的通用要求》。

ISO/IEC 17043 和 GB/T 27043 的沿革及发展过程参见图 1。

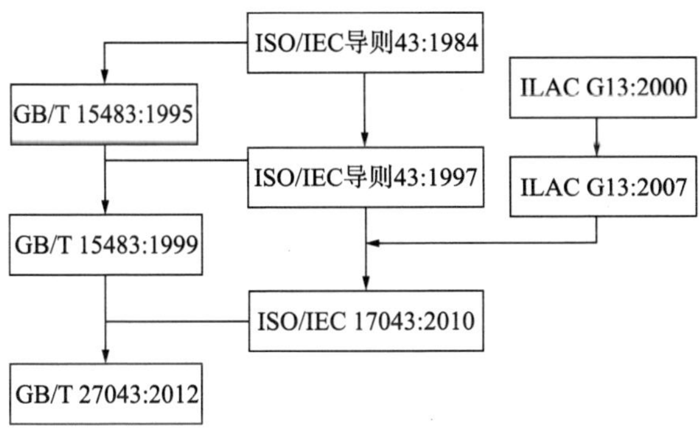


图 1 能力验证相关标准的沿革及发展过程

## (三)国内能力验证的发展历程

1999 年,我国实验室认可机构开始依据 ISO/IEC 导则 43:1997 建立能力验证管理体系、组织实施能力验证计划,为我国实验室认可机构顺利通过国际同行评审、成功签署国际互认协议做出了贡献。

随着能力验证工作的不断开展,能力验证

日益受到各相关方的关注和重视。认可机构、实验室的客户和管理部门等均将能力验证作为了解或监控实验室能力的重要技术手段。同时，随着我国社会、经济发展以及国际化步伐的加快，实验室的质量管理意识也在不断加强，越来越多的实验室自觉地将能力验证作为提高质量保证水平的重要方式。在国内各相关方的共同努力下，我国能力验证工作取得了长足发展，建立了较为完善的能力验证工作体系，已涵盖食品、化工、建筑、质检、医药、烟草、冶金、农业、信息、机械、环保、电子电器和校准等众多工业和经济领域，以及司法、公安、检察和公共卫生等社会领域。

2001 年，我国实验室认可机构开始建立"能力验证计划提供者"认可制度。2014 年，组建了实验室能力验证科技服务平台"中国能力验证网"(http://www.cpts.org.cn)。2015 年，中国合格评定国家认可委员会(CNAS)正式签署亚太实验室认可合作组织(APLAC)能力验证提供者(PTP)相互承认协议(MRA)，标志着我国的能力验证工作迈上新台阶。

# 一、能力验证概述

## (一)能力验证相关定义和术语

### 1. 实验室间比对 interlaboratory comparison

按照预先规定的条件，由两个或多个实验室对相同或类似的物品进行测量或检测的组织、实施和评价。

〔GB/T 27043—2012，术语和定义 3.4〕

### 2. 能力验证 proficiency testing

利用实验室间比对，按照预先制定的准则评价参加者的能力。

〔GB/T 27043—2012，术语和定义 3.7〕

### 3. 能力验证物品 proficiency testing item

用于能力验证的样品、产品、人工制品、标准物质/标准样品、设备部件、测量标准、数据组或其他信息。

〔GB/T 27043—2012,术语和定义 3.8〕

4. **能力验证计划** proficiency testing scheme

在检测、测量、校准或检验的某个特定领域,设计和运作的一轮或多轮次能力验证。

〔GB/T 27043—2012,术语和定义 3.11〕

5. **能力验证提供者** proficiency testing provider

对能力验证计划建立和运作中所有任务承担责任的组织。

〔GB/T 27043—2012,术语和定义 3.9〕

6. **指定值** assigned value

对能力验证物品的特定性质赋予的值。

〔GB/T 27043—2012,术语和定义 3.1〕

7. **能力评定标准差** standard deviation for proficiency assessment

根据可获得的信息,用于评价能力验证结

果分散性的度量。

〔GB/T 27043—2012，术语和定义 3.13〕

8. 合格评定 conformity assessment

与产品、过程、体系、人员或机构有关的规定要求得到满足的证实。

〔GB/T 27000—2006，术语 2.1〕

## （二）对能力验证相关定义的理解

"能力验证"译自"proficiency testing"，曾译为"能力比对检验"和"水平测试"等。

能力验证通过评价参加实验室在实验室间比对过程中的表现，来证实实验室的技术能力和工作水平。能力验证中实验室给出的结果，只是表明实验室在参加能力验证计划时，管理体系的运行状态。

能力验证与实验室的技术能力具有较强的相关性，但又不完全等同。例如：在单次能力验证计划中，如果所有参加实验室的结果均为满意，实验室获得了满意结果，并不一定表明实验室具备多高的技术能力，因为这可能是由于能力评定标准差过大所致。反之，在单次能力验证计划中，如果实验室获得了不满意或可疑结果，也不一定表明实验室没有能力，因为这可能是由于能力评定标准差过小所致。只要实验室对不满意或可疑结果进行了调查，找出可能存在的问题，避免再次发生即可。但是，如果实验室在连续能力验证计划中持续出现不满意或可疑结果，则表明实验室的测量过程在某些方面存在问题。

### 1. 能力验证和实验室间比对的关系

实验室间比对是一个更为宽泛的概念，它包含了能力验证；事实上，能力验证是用于特定目的的实验室间比对。

实验室间比对按照不同的目的，其称谓会有所不同。例如用于评估方法精密度等性能特征时，常称为“协作试验”；用于支撑国家计量院间测量等效性声明时，则称为“关键比对或辅助比对”。在这些比对中，实验室的能力已被提前设定，其组织实施有别于能力验证，因而并不属于能力验证的范畴，但可用于证明实验室的能力。一般来说，用于评价实验室具有特定检测、校准和检验能力的实验室间比对，可以通称为“能力验证”，能力验证属于合格评定的范畴。

## 2. 能力验证计划和测量审核的关系

测量审核是能力验证计划的一种特殊形式。它是将一个参加实验室对被测物品（材料或制品）的测量结果与参考值（参照值）进行比较，并按预定准则进行评价的活动。测量审核有时也称为“一对一”的能力验证计划。

## 3. 相关概念的关系图

就概念的范畴而言，能力验证、实验室间比对和测量审核的关系如图 2 所示：

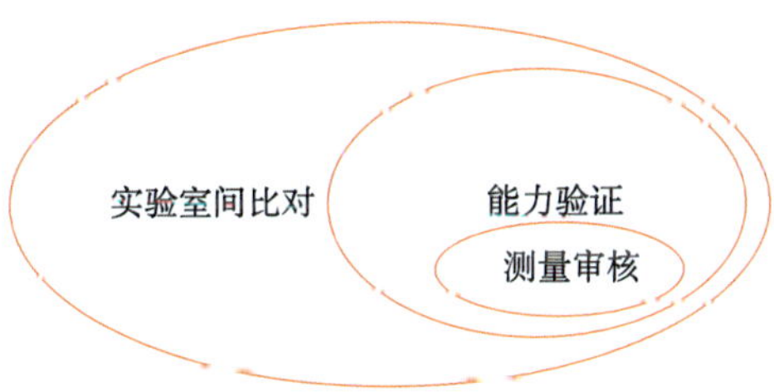


图 2　概念关系图

## (三)能力验证的分类及流程

### 1. 能力验证的分类

(1)按实验室活动类型划分

a)定量计划 quantitative scheme

在该类计划中,定量测量的结果为数值型并可用区间尺度(interval scale)或比例尺度(ratio scale)表示,其测得的精密度、正确度、分析灵敏度以及特异性可能有所差异,对数值结果通常须进行统计分析。根据测量活动的类型,通常又可分为检测能力验证计划和校准能力验证计划两种。

b)定性计划 qualitative scheme

在该类计划中,定性检测的结果为描述性并以分类尺度(categorical scale)或顺序尺度(ordinal scale)表示,诸如微生物的鉴定,或识别出是否存在某种特定的被测量(如某种药物或某种特性等级)等;用统计分析评定能力可能不适用于此类定性能力验证计划。

c)解释性计划 interpretive scheme

在该类计划中，须提供成组的数据或其他信息并要求对其进行处理以给出解释(或其他结论)。此时，“能力验证物品”是与实验室能力的解释性特征相关的一个检测结果(如描述性的形态学说明)、一套数据(如确定校准曲线)或其他一组信息(如案例研究)。

(2)按能力验证物品发送方式划分

a)顺序计划 sequential scheme

该类计划是将检测或测量的一个或多个能力验证物品依次发送(传递)给实验室并要求其按期返回结果，有时需要将能力验证物品传送回能力验证提供者，以对其特性进行核查。

b)同步计划 simultaneous scheme

在该类计划中，能力验证物品同时分发给所有实验室并要求其在规定期限内同时进行检测或测量。

(3)按能力验证物品发送次数划分

a)单次计划 single occasion exercise

在该类计划中，仅为单一需求提供能力验

证物品。

b）连续计划 continuous scheme

在该类计划中，须按规定时间间隔持续地提供能力验证物品。

## 2.能力验证的工作流程

单次能力验证计划的工作流程，一般包括能力验证计划的组织实施和后续工作两部分。

（1）组织实施的关键环节

a）方案策划

方案策划不仅是组织实施能力验证的首要环节，也是做好能力验证的基础；它不仅要求识别直接影响能力验证计划质量的过程，而且要求形成文件并严格遵照执行。首先，应考虑和明确本次能力验证计划的目的，它将直接影响能力验证结果评价方法的选择；其次，还应重点关注能力验证物品的特性（例如均匀性和稳定性、物品的基体、被测量、预期的量值范围等因素）、是否需要限定实验室所用的检测/校准方法、潜在的主要误差来源等信息。

b)物品制备

能力验证提供者应确保所有能力验证物品以恰当的方式获得、收集、制备、处置和储存，必要时包括对废弃物的处理。能力验证物品的基体、被测量和浓度等，应尽可能地与实验室日常检测或校准物品和材料的类型相似。其制备过程应确保每个实验室均收到具有可比性的能力验证物品，并在整个能力验证过程中保持稳定。

c)实验室能力评定

能力验证提供者须对实验室在能力验证中的表现进行评定，可以包括以下内容：

➢ 整体表现与预期的比较（应考虑测量不确定度）；

➢ 实验室内和实验室间的变异，及其与先前能力验证轮次、类似能力验证计划或已公布的精密度数据的比较；

➢ 方法或程序间的差异；

➢ 误差的可能来源（针对离群值）和改进能力的建议；

➢ 其他的建议或一般性评议。

（2）后续工作

能力验证结果发布后，实验室应对本次能力验证的总体情况（包括所有参加实验室结果情况、结果图示、不满意结果数量、结果分布等）进行评价，而不是仅关注实验室结果是否满意。实验室对于不满意结果或可疑结果，应根据自身管理体系的要求，结合方法标准的规定等因素，确定是否需要采取纠正措施或者预防措施；如果认可机构等能力验证利益相关方对不满意结果有特殊要求时，实验室还需按照利益相关方的要求进行整改。对于满意结果，实验室应综合考虑能力验证提供者给出的信息，确定是否存在值得改进的方面。

(3)能力验证工作流程图(见图 3)

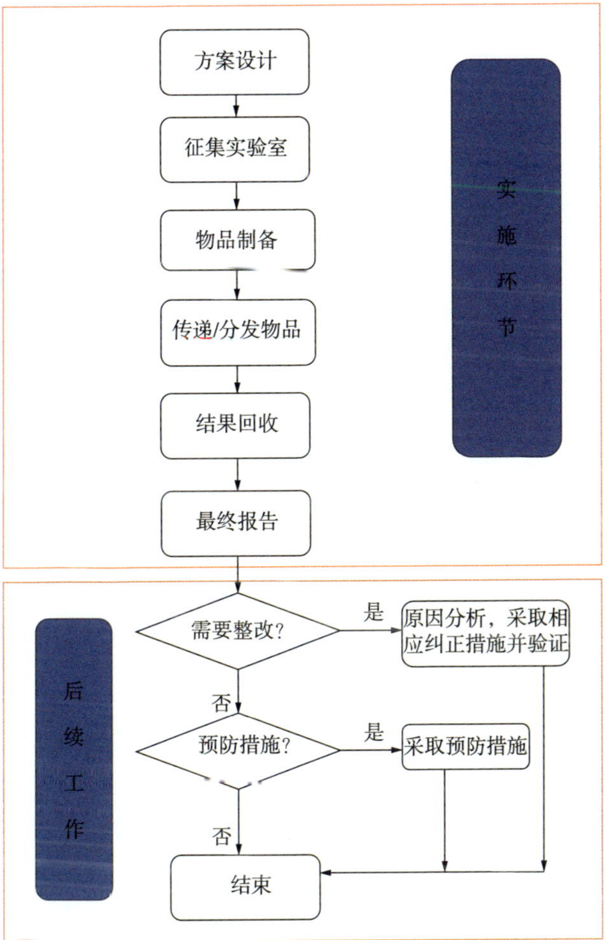


图 3　能力验证工作流程图

# 二、能力验证的本质

## (一)国际认可组织和国外相关机构对能力验证本质的表述

### 1. 国际实验室认可合作组织(International Laboratory Accreditation Cooperation, ILAC)

能力验证的根本目的是评价实验室实施特定检测、测量或者校准的工作质量。许多实验室独立于其他实验室运作,没有与其他实验室持续比较数据的机会。由于缺乏这样的机会,实验室的数据与其相似实验室相比就可能存在错误、偏差或者显著性差异的风险。

——译自 ILAC《Benefits for Laboratories participating in Proficiency Testing Programs》

### 2. 亚太实验室认可合作组织(Asia Pacific Laboratory Accreditation Cooperation, APLAC)

能力验证(包括测量审核)是认可机构评价

实验室技术能力的重要手段，也是亚太实验室认可合作组织评价 APLAC 成员认可的实验室的检测和校准结果是否具有可比性的重要手段。

——译自 APLAC 网站

### 3. 欧洲分析化学中心(EURACHEM)

为监视实验室测量的可靠性，实验室实施质量控制措施是至关重要的。对于已获认可或者寻求认可的实验室，这些措施是要求的重要方面。能力验证与使用有证标准物质一样，是这些措施之一。

能力验证通过提供实验室能力的客观证据，发挥其重要作用。这些证据，能用于改进实验室的工作质量和/或提升对实验室具有实施特定测量能力的信心。

——译自 EURACHEM《Selection, Use and Interpretation of Proficiency Testing (PT) Schemes》

### 4. 南部非洲发展共同体认可合作组织(Southern African Development Community for Accreditation, SADCA)

能力验证是利用实验室间比对,按照预先制定的准则评价实验室的能力。能力验证已成为检测、校准和检验领域实验室规范管理的必要因素。认可机构将能力验证作为支持评价实验室技术能力的工具。

——译自 SADCA 网站

### 5. 澳大利亚国家测试协会(The National Association of Testing Authorities, NATA)

在评定实验室能力的复杂过程中,把其在能力验证中的表现作为评价指标具有重大意义。能力验证作为实验室内部质量控制体系的补充,它是对实验室检测或测量能力进行外部评价的方式之一。对实验室而言,能力验证是比较其与同一计划中其他实验室表现的有用的工具。相应地,能力验证也提供了调查离群值、识别问题的根本原因和需要时改进工作质量的一种机会。

——译自 NATA《The Benefits of Proficiency Testing》

### 6. 美国能力验证协会(National Association for Proficiency Testing，NAPT)

无论是满足认可需求还是致力于提升能力,参与能力验证都是一种宝贵的持续改进工具。

——译自 NAPT 网站

## (二)中国认可机构对能力验证本质的分析

能力验证作为一种合格评定活动,可为实验室从事特定的检测、校准和检验活动的能力提供客观证据,它有助于识别实验室管理和技术能力可能存在的问题和风险。

### 1. 能力验证的本质在于提升实验室的技术能力

能力验证作为重要的外部质量保证手段,

是实验室质量保证体系的重要组成部分。能力验证不仅可以识别实验室在样品处理、数据处理及结果报告等方面存在的问题，发现改进的机会；同时也可以发现实验室检测、校准和检验结果与同行间的差异。这是能力验证区别于内部质量控制措施的重要特征，也是内部质量控制所不能替代的重要原因。能力验证与内部质量控制共同构成实验室技术能力的质量保证体系。

## 2. 实验室是能力验证的主体

能力验证的利益相关方包括实验室、认可机构、管理部门和实验室的客户等。鉴于利益相关方众多，而且各方基于自身需求对能力验证提出了不同要求，特别是认可机构和管理部门会对实验室参加能力验证提出具体要求。在众多的利益相关方中，实验室才是能力验证的主体，参加和寻求适宜的能力验证是实验室的责任，这不仅是实现从“要我参加”到“我要参加”转变的前提条件，也是能力验证本质要求的内涵与应有之意。因此，实验室应基于自身需求和外部对能力验证的要求，在综合考虑内部质量控制水平、人员能力、设备状况、风险、运行成本等因素的基础上，合理策划自身的能力验证要求。

# 三、能力验证的作用

## (一)能力验证的优势

### 1.识别实验室间的差异

能力验证通过使用实验室所得的结果与指定值的比较，对其从事某项检测、校准和检验活动的表现进行独立评价，从而识别实验室结果与参考值(参照值)以及实验室之间的差异。能力验证可以为实验室的工作质量或水平是否满意以及是否需要对潜在问题进行调查给出预警。

### 2.比较方法或程序

对于某些实验室而言，可尝试通过能力验证来评价实验室使用某种新的或者非常规方法进行检测/测量的工作质量。

在某些情况下，能力验证计划会给出所有

实验室所用方法的汇总和比较。对于实验室新的或是不经常开展的测量活动，这类数据可能极具价值，它可以帮助实验室今后选择适宜的方法或者指出在采纳新方法前需要进行的附加研究。

### 3.确认实验室声称的测量不确定度

在校准能力验证计划中，能力验证可以帮助核查实验室评估的测量不确定度的合理性。如果其测得值处于可接受的范围之外，则表明实验室不能达到其声称的测量不确定度，其可能是由于实验室的测量不确定度评定不合理造成的。

### 4.人员培训的工具

很多能力验证计划基于其总体结果给出了关于方法、数据解释、不确定度评估等方面的信息。针对实验室操作人员，有些能力验证计划具有综合性的培训功能。

在某些能力验证计划中，当能提供充足而

稳定的能力验证物品时，实验室可将未用完/可重复使用的能力验证物品作为质控样品用于监控实验室的能力。诸如电气领域待机功耗的能力验证物品会留存实验室，可作质控样品。适当时，能力验证物品的指定值可用作检测、校准、人员培训等内部质控的参考值（参照值），进而可以从比较不同人员之间结果的差异而使实验室额外受益。

### 5.风险管理和质量改进的工具

能力验证可以帮助实验室识别可能存在的问题。在能力验证中，如果实验室的结果与指定值或其他能力评价准则之间存在明显的差异，则实验室应该调查潜在的误差或不满意结果的来源，识别存在的问题并启动纠正与预防措施。这些问题可能与诸如不适当的检测或测量程序、人员培训以及监督有效性、仪器校准等因素有关。如果没有参加能力验证，实验室就可能发现不了这些误差来源，无法采取相应的纠正措施。相应地，实验室就可能持续向客户等利益相关方提供可疑或错误的结果。最后，这些错误可能会对实验室声誉造成损失。因此，实验室把参加能力验证作为一种风险管理和质量改进的工具，是至关重要的。

## （二）能力验证的局限性

能力验证虽有其不可替代的自身优势，但也有一定的局限性，主要表现在两个方面：

①基于技术特性或者成本的考虑，很多项目不适宜开展能力验证，因此其覆盖范围有限。

②能力验证技术本身具有局限性。例如在理想情况下，能力验证物品在性质上应与实验室日常所用物品相似，并具有充分的均匀性和稳定性。但实际上有时从获得稳定的能力验证物品等因素考虑，须对该物品事先进行处理，诸如冻干处理。能力验证物品与实验室日常所用物品之间的不同，可能会对实验室的能力评价产生不利影响。同时，鉴于可能存在能力验证协议（方案）不完善等缺陷，不同的能力验证提供者对同样的结果也可能给出不同的结论或

评价。

能力验证利益相关方不仅要发挥能力验证的优势，利用好这个工具，同时也要对能力验证的局限性有所了解和认识。

# 四、能力验证的选择

实验室选择适宜的能力验证，是确保其参加能力验证后能有所收获的基础和前提。选择适宜的能力验证需要解决下述两个问题：

①参加什么能力验证？

②如何选择能力验证？

## （一）实验室参加能力验证的策略

实验室分析自身参加能力验证的需求，是发挥好能力验证作用的前提条件。因此，参加能力验证的策略就显得尤为重要，一般应考虑以下内容：

### 1. 实验室采取质量控制措施的情况

实验室应分析除能力验证外其他的质量控制措施及其实施情况，这类质控措施包括但不限于：

(1)定期使用有证标准物质/标准样品进行监控和/或使用次级标准物质/标准样品开展内部质量控制的情况;

(2)采用独立技术进行的分析结果的比较;

(3)参加了方法的制定/验证及/或参考物质的特性研究;

(4)使用相同或不同方法进行重复检测或校准;

(5)与其他的实验室之间/实验室内部的比对;

(6)分析一个物品不同特性结果的相关性。

## 2.实验室面临的风险

实验室检测/校准活动中所表现出的风险情况,涉及以下方面:

(1)检测/校准工作的数量;

(2)人员的流动情况;

(3)人员的经验和知识水平;

(4)检测/校准结果的溯源性;

(5)对于测量技术已知的稳定性/不稳定性

情况；

(6)测量数据的最终用途(例如:法医领域就对确定性要求非常高)。

### 3.能力验证是否可获得

实验室在考虑参加能力验证的策略时,应收集能力验证需求是否能够获得的信息。例如:某些特殊的检测、校准和检验项目,由于物品制备困难或实验室数量太少等因素,尚无能力验证提供者开展相应项目。此时,能力验证不可获得,实验室可以选择其他的替代质控手段。

### 4.特定领域的能力验证要求

实验室还应考虑能力验证利益相关方在特定领域内的能力验证要求,诸如认可机构或者管理部门的要求。

## (二)实验室如何选择能力验证

实验室在确定自身的能力验证需求后,那

么选择什么样的能力验证才符合实验室的需求呢？一般可从以下几个方面考虑：

(1)能力验证提供者组织本次能力验证的目的，是否符合本实验室的预期目标？

(2)能力验证涉及的检测、测量或校准，是否与本实验室日常开展的检测、测量或校准类型相匹配？

(3)能力验证物品的数目、基质以及浓度，是否类似于本实验室的实际工作情况？

(4)能力验证物品的特性(例如均匀性、稳定性等)如何？

(5)校准能力验证的参考值是否具有溯源性，参考值的测量不确定度是否优于本实验室？

(6)计划方案设计的细节、指定值的确定程序、提供给实验室的指导书、数据统计处理(包含是否考虑了不同测量方法的影响)以及最终报告是否可以及时获得？

(7)参加能力验证的成本。

# 五、能力验证结果的利用

实验室如果不能充分利用能力验证所给出的所有相关信息，而仅关注其结果满意与否，那么实验室参加能力验证的价值将非常有限。实验室不应过度关注结果满意与否，而更应关注从中学到什么。不仅要评价单次能力验证计划中的能力状况，而更要评价和关注连续能力验证计划中实验室能力随时间的变化情况。

能力验证结果的利用，会涉及实验室所有层级的人员，从一般技术人员到最高管理层。例如：检测、校准或者测量的技术人员（含技术负责人）要熟悉能力验证的运作方式和结果评价。质量管理人员应参与能力验证结果的利用，尤其是对连续能力验证计划结果的利用。最高管理层不一定要熟悉能力验证的具体运作，但要正确理解能力验证的作用，以避免错误地利用能力验证结果。

## (一)单次能力验证结果的利用

无论能力验证结果如何,实验室都要对每次结果进行具体评价,因为一次满意结果并不一定意味着能力很好或者长期是好的。

实验室要对能力验证报告中所提供的所有信息(例如专家建议、统计设计的信息等)进行评价,而不仅仅关注能力分数(例如 $Z$ 分数、$E_n$ 值等)的情况。

实验室人员要核查能力验证报告中本实验室的结果,尤其要检查能力验证计划中所使用的能力评价是否明确且符合参加本次能力验证计划的目的。如有必要,可以联系能力验证提供者以避免对其结果产生错误的解读。如果存在合理性,实验室可以选择采用更加符合其目的的能力评定标准差,来重新计算能力分数。

实验室在进行全面调查之后,如果认为其结果确为不满意,则应该按照管理体系出现不符合时的程序要求进行整改,并采取相应的纠正措施。

造成结果不满意或者可疑的原因，实验室可以从以下几方面（但不限于）进行分析。

## 1. 笔误

尽管笔误与技术能力没有直接联系，但存在这种错误表明实验室在向客户报告结果的时候，有可能存在类似问题。如果笔误是出现不满意结果的一个常见原因，则实验室应该关注其管理体系的有效性。

笔误可能包括以下几种：

a）抄写错误；

b）贴错标识，导致错报为其他能力验证物品的结果；

c）测量单位错误；

d）小数点错误。

## 2. 技术上的问题

由于检测、校准和测量工作的复杂性，问题可能出现在其中的任一环节，实验室调查技术问题可从以下方面考虑：

a)能力验证物品的储存/预处理；

b)方法/内部质量控制数据；

c)设备/校准；

d)环境条件；

e)数据处理。

如果调查工作并未能够从中识别出根本原因，则可能有必要对方法的验证进行审查。

### 3.能力验证计划的相关问题

可能由于所选择的能力验证计划不适宜而造成结果不满意或者可疑，则实验室可从以下方面进行分析：

a)能力验证物品和日常样品的基质是否不同？

b)能力验证物品的储存是否有问题，是否可能存在变质或污染？

c)能力验证物品的浓度水平是否超出了方法的适用范围？

d)能力验证物品是否不稳定或者不均匀？

e)给参加实验室的指导书是否存在不当

之处？

f)能力验证是否未考虑测量方法的差异，存在分组统计不当？

g)指定值是否不合适？

h)能力评定的目标偏差是否不合适？

i)能力验证提供者输入或者报告的数据是否有误？

## (二)连续能力验证结果的利用

在利用单次能力验证结果的基础上，实验室要监测其工作质量随时间的变化情况，以便识别出与精密度、系统误差或者人为错误等相关的潜在问题。

连续能力验证结果的利用可采用统计或者图示的方法进行，其中将多轮次的能力分数绘制成控制图，以此来监测实验室工作质量随时间的变化，识别实验结果的趋势和其他特征，将是非常有帮助的。

为帮助实验室更好地使用图示方法，将常用的图示方法例举如下：

### 1. z 值的常规控制图

要绘制 z 值的常规控制图，需将实验室所得 z 值单独绘出，且行动限和警戒限分别设在±3.0 和±2.0 处。当一轮计划中需测量多个特性时，不同特性的 z 值可在同一张图中绘出，但不同特征的点应使用不同的记号和/或颜色来表示。

常规控制图是一种能识别 z 值有较大变异的有效方法。

常规控制图中，在下列情况下给出失控信号：

a)有 1 个点落在行动限(±3.0)外；

b)连续 3 个点中有 2 个落在相同的警戒限(±2.0)外；

c)连续 6 个点为正值或负值。

### 2. z 值的累积和控制图

要绘制 z 值的累积和控制图，需计算实验室在多轮能力验证计划中所得 z 值的累积和，并在图中描点。由于累积和图可用于检验 $z$ 值是否偏离零点，故累积和的"目标值"为零，累积和可简单地由 $z$ 值的累积和计算得到。

当每轮计划中测量了多个特性时，应分别计算每个特性的累积和。

当偏倚持续存在于多轮计划中时，累积和控制图是一种在确定特性值时识别引起偏倚原因的有效方法。

### 3.实验室标准化偏倚对平均值的图

当每轮能力验证计划的特性水平变化范围较大时，$z$ 值或其他能力分数关于特性水平的图，将显示实验室偏倚是否随特性水平而变化。

### 4.控制图的应用实例

［示例 1］$z$ 值的常规控制图与累积和控制图

以某实验室三种过敏原（d1，f1 和 e3）浓度的 20 轮能力验证计划所得数据为例，数据如表 1 所示，$z$ 值的常规控制图如图 4 所示，$z$ 值的累积和控制图如图 5 所示。由图 5 可知实验室结果从 1994 年 3 月开始发生变化。

**表 1　三种过敏原(d1，f1 和 e3)浓度的 20 轮能力验证计划所得数据**

| 实验日期 | 过敏原的 $z$ 值 | | | $z$ 值的累积和 | | |
|---|---|---|---|---|---|---|
| | d1 | f1 | e3 | d1 | f1 | e3 |
| 1991 年 9 月 | −1.4 | −0.2 | −0.5 | −1.4 | −0.2 | −0.5 |
| 1991 年 12 月 | −0.9 | −1.3 | −1.0 | −2.3 | −1.5 | −1.5 |
| 1992 年 3 月 | 0.2 | 1.6 | 1.0 | −2.1 | 0.1 | −0.5 |
| 1992 年 6 月 | 1.0 | −0.5 | | −1.1 | −0.4 | |
| 1992 年 9 月 | −0.4 | −1.2 | −1.5 | −1.5 | −1.6 | −2.0 |
| 1992 年 12 月 | 0.0 | 0.3 | −0.8 | −1.5 | −1.3 | −2.8 |
| 1993 年 3 月 | 0.9 | −0.1 | −1.1 | −0.6 | −1.4 | −3.9 |
| 1993 年 6 月 | 2.0 | 0.3 | 1.0 | 1.4 | −1.1 | −2.9 |
| 1993 年 9 月 | 1.7 | 2.6 | | 3.1 | 1.5 | |
| 1993 年 12 月 | −0.8 | −1.3 | −0.6 | 2.3 | 0.2 | −3.5 |
| 1994 年 3 月 | −1.0 | 1.6 | 0.4 | 1.3 | 1.8 | −3.1 |
| 1994 年 6 月 | −2.0 | 0.8 | 0.4 | −0.7 | 2.6 | −2.7 |
| 1994 年 9 月 | −1.6 | 4.0 | −0.8 | −2.3 | 6.6 | −3.5 |
| 1994 年 12 月 | 1.5 | 1.1 | | −0.8 | 7.7 | |
| 1995 年 3 月 | 0.1 | 0.3 | −1.5 | −0.7 | 8.0 | −5.0 |
| 1995 年 6 月 | −1.9 | 0.1 | −0.5 | −2.6 | 8.1 | −5.5 |
| 1995 年 9 月 | −0.7 | 1.2 | 0.4 | −3.3 | 9.3 | −5.1 |
| 1995 年 12 月 | 0.3 | −1.9 | −0.8 | −3.0 | 7.4 | −5.9 |
| 1996 年 3 月 | −1.3 | −1.1 | | −4.3 | 6.3 | |
| 1996 年 6 月 | −0.4 | 1.9 | 0.0 | −4.7 | 8.2 | −5.9 |

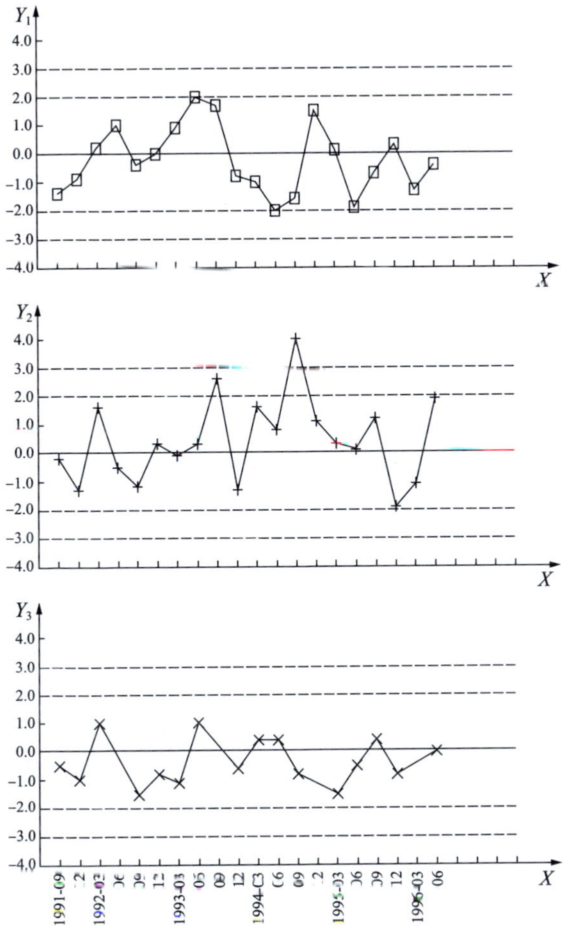


图例：$X$——实验日期；$Y_1$——过敏原d1的$z$值；

$Y_2$——过敏原f1的$z$值；$Y_3$——过敏原e3的$z$值。

图4　$z$值的常规控制图(由表1数据)

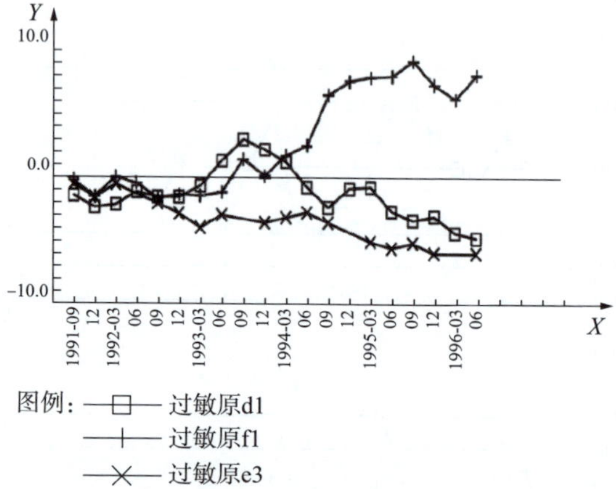


**图 5　$z$ 值的累积和控制图(由表 1 数据)**

〔示例 2〕实验室标准化偏倚对平均值的图

以某实验室在 13 轮能力验证计划中报告的过敏原浓度数据为例，数据如表 2 所示，实验室标准化偏倚对平均值的图如图 6 所示，图 6 为其 $z$ 值对浓度水平图。图 6 显示实验室在较高浓度水平有获得正的 $z$ 值的趋势。对这些数据用回归分析可验证该趋势是统计显著的。

**表 2　实验室测定的过敏原 d1 的浓度**

| 日期 | 浓度平均值 kU/L | $z$ 值 |
|---|---|---|
| 1992 年 6 月 | 12.00 | 0.7 |
| 1992 年 9 月 | 4.82 | −1.3 |

续表

| 日期 | 浓度平均值 kU/L | $z$ 值 |
|---|---|---|
| 1992 年 12 月 | 17.20 | 2.3 |
| 1993 年 3 月 | 8.53 | 1.3 |
| 1993 年 6 月 | 8.47 | 1.4 |
| 1993 年 9 月 | 2.57 | 0.3 |
| 1993 年 12 月 | 1.94 | 0.2 |
| 1994 年 3 月 | 3.78 | −0.1 |
| 1994 年 6 月 | 2.07 | −0.5 |
| 1994 年 9 月 | 19.50 | 2.1 |
| 1994 年 12 月 | 3.13 | 1.3 |
| 1995 年 3 月 | 16.70 | 1.7 |
| 1995 年 6 月 | 5.12 | 0.5 |
| 注 表中数据为每升(L)样品中千单位(kU)抗体数，其中单位(U)由国际标准物质的浓度定义。 | | |

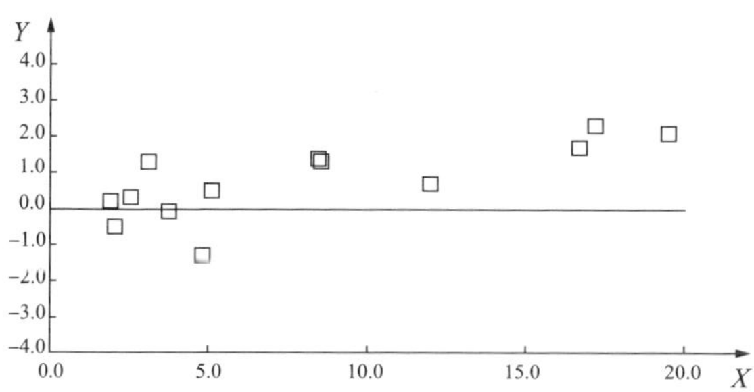


图例：$X$——浓度，kU/L

$Y$——过敏原d1的$z$值

**图 6 实验室测定过敏原 d1 的浓度水平与 $z$ 值的关系**

# 六、需要关注的问题

## (一)能力验证与实验室认可的关系

认可是“正式表明合格评定机构具备实施特定合格评定工作的能力的第三方证明”。“认可机构是实施认可的权威机构”。认可活动本身是一种合格评定活动,其对象包括实验室、检验机构和认证机构。能力验证是“利用实验室间比对,按照预先制定的准则评价实验室的能力”。能力验证也是一种合格评定活动,在认可活动中扮演着重要的角色。

能力验证作为评价实验室技术能力的重要手段之一,与现场评审互为补充,构成了认可机构最常用的两种能力评价技术。同时,能力验证是认可机构加入和维持国际/区域性认可合作组织多边互认协议(MRA)的必要条件之一,国际实验室认可合作组织(ILAC)、亚太实验室认可合作组织(APLAC)的 MRA 要求认可机构制定适宜的能力验证政策和要求，并组织获准认可和申请认可的实验室参加国际能力验证计划，以证明认可的实验室的技术能力。

## (二)标准物质/标准样品在能力验证中的应用

标准物质/标准样品是具有准确量值的测量标准，是以特性量的稳定性、均匀性和准确性为其主要特征的，在实验室质量控制中起着重要的作用。当使用标准物质/标准样品作为能力验证样品时，可以将其标准值作为能力验证统计的指定值，这在实验室参加数量较少时尤其有用；当参加实验室数较多时，也可以验证统计结果中指定值是否存在偏离；同时，也有助于分析实验室结果可能存在的问题。需要特别注意的是，选用市场上唯一的标准物质/标准样品作为能力验证样品，可能会导致实验室有意识地使出具的检测结果与所选标准物质/标准样品的标准值趋同，故应尽量选用市场上具有较多数量、批次的标准物质/标准样品。

# 参考文献

[1] GB/T 27043 合格评定　能力验证的通用要求.

[2] GB/T 28043 利用实验室间比对进行能力验证的统计方法.

[3] GB /T 27011 合格评定　认可机构通用要求.

[4] GB/T 27025 检测和校准实验室能力的通用要求.

[5] ISO/IEC 17020：2012 Conformity assessment-Requirements for the operation of various types of bodies performing inspection.

[6] ISO 15189：2012 Medical laboratories Requirements for quality and competence.

[7] 中国合格评定国家认可委员会. 认可的本质与作用. 北京：中国标准出版社，2010.

[8] ILAC B6:2011,Benefits for Laboratories participating in Proficiency Testing Programs.

[9] JJF 1001—2011 通用计量术语及定义.

[10] Eurachem. Pre-and post-analytical proficiency testing,2009.

[11] NATA . The Benefits of Proficiency Testing ,2013.

[12] Eurachem. Selection, Use and Interpretation of Proficiency Testing (PT) Schemes, Second Edition, 2011.

[13] Eurachem. How can proficiency testing help my laboratory? 2013.